电力企业作业现场
安全监督工作手册

DIANLIQIYE ZUOYE XIANCHANG
ANQUAN JIANDU GONGZUO SHOUCE

国网河南省电力公司　组编

中国电力出版社
CHINA ELECTRIC POWER PRESS

内 容 提 要

　　本书为加强各类作业现场安全管理，充分发挥领导干部及管理人员的安全监督管理职能而编写，具体条目能有效指导安全监督工作开展。

　　本书主要内容包括：安全监督的目的、要求、人员职责、检查内容、检查考核，重点突出变电检修、变电运维、输电运检、配电运检、电网建设、营销、信息通信作业现场监督要点。

图书在版编目（CIP）数据

电力企业作业现场安全监督工作手册 / 国网河南省电力公司组编. —北京：中国电力出版社，2019.6（2020.6重印）
ISBN 978-7-5198-3165-3

Ⅰ. ①电… Ⅱ. ①国… Ⅲ. ①电力工业–工业企业管理–安全生产–监督管理–手册 Ⅳ. ①TM08-62

中国版本图书馆 CIP 数据核字（2019）第 093184 号

出版发行：中国电力出版社		印　刷：三河市万龙印装有限公司	
地　址：北京市东城区北京站西街 19 号		版　次：2019 年 6 月第一版	
邮政编码：100005		印　次：2020 年 6 月北京第五次印刷	
网　址：http://www.cepp.sgcc.com.cn		开　本：880 毫米×1230 毫米　横 32 开本	
责任编辑：丁　钊（010-63412393）		印　张：2.875	
责任校对：黄　蓓　郝军燕		字　数：49 千字	
装帧设计：张俊霞		印　数：12001—14000 册	
责任印制：杨晓东		定　价：20.00 元	

《电力企业作业现场安全监督工作手册》编委会

主　　任	王红印	赵善俊		
委　　员	郝曙光	沈　辉	王来军	李　晨
	徐国昌	孟弄山	秦　琦	赵　煜
	张　帅	韩丽明	张慧杰	
编写人员	舒东波	陈亚洲	于　辉	张华中
	王向东	王秀娟	牛新萍	赵磊磊
	王　录	孟巧菊	杜康平	王泽华
	师启源	李魁轩	孙凯杰	孔祥晨
	孙友亮	王世昌	李　鑫	孟祥楠

前　言

为了进一步加强各类作业现场安全管理，充分发挥领导干部及管理人员在工作现场的监督管理职能，使各级领导干部和管理人员认真履行职责，关口前移、重心下移，切实做到"责任到位、管理到位、监督到位、执行到位"，促进现场作业安全、组织、技术措施不断改进，在安全管理中推进规章制度、安全监督、安全设施等标准化建设工作，以更加规范的管理、更加严密的措施、更加有效的落实，全面提升安全管理规范化水平，做到分工清晰、责任到位，杜绝各类人身事故和人员责任事故，实现安全工作"可控、在控、能控"的目标，特制定本手册。

本手册由国网河南省电力公司组织编制，国网河南检修公司作为组长单位组织各参编单位按照省公司"简单实用、涵盖专业全面，整体结构和具体条目能有效指导安全监督工作开展"的要求，先后召开四次会议，形成统一认识后编制完成。其中第一章、第二章第一～四节由国网河南检修公司负责编制，第二章第五节由国网周口供电公司负责编制，第二章第六节由国网济源供电公司负责编制，第三章由国网驻马店供电公司负责编制，第四章由国网洛阳供电公司负责编制，第五章由国网开封供电公司负责编制，第六章由河南送变电建设有限公司负责编制，第七章由国网三门峡供电公司负责编制，第八章由国网商丘供电公司负责编制。

由于编者水平有限，书中难免出现疏漏或不足之处，敬请广大专家和读者指正。

编　者

目　录

前言

第一章

通 用 部 分

第一节　作业现场安全监督检查目的

　　作业现场安全监督是电力企业各级安全管理人员依据法律、法规和行业规定、规程、标准，对电力生产检修和施工现场的人身、设备、环境进行全方位安全管理和监督的过程；是确保电力企业生产、基建（改造）现场安全生产的重要组成部分；是各级安全生产管理人员行使职权、监督安全生产责任制的落实、监督各项安全生产规章制度和反事故措施及上级指示精神贯彻执行的重要手段；是各级安全生产管理人员深入作业现场发现问题、解决问题、查处违章、提出整改措施和考评意见、进一步完善安全生产管理的重要途径；是电力企业确保工作现场安全、完成安全生产目标的重要保证。

第二节　作业现场各级人员工作要求

（1）各级领导干部、管理人员必须认真履行安全生产责任制，把工作重点放在一线，抓基础、抓基层、抓基本功，切实加强对安全生产工作的组织领导和管理。

（2）各级领导干部、管理人员应经常深入生产现场，及时了解、掌握安全生产情况，指导和协助解决工作中存在的问题，提出改进意见和建议，督促、检查有关安全生产规程制度执行到位。

（3）领导干部应重点关注施工环境恶劣或施工难度极高，易发生人身伤害或人员误操作的高危作业现场，重点督导工作方案制定是否合理，现场组织是否有序，人员安排是否满足要求，关键环节风险预控措施是否完善。各单位领导干部应重点关注各电压等级规模大、工种多、危险程度高以及在特殊运行方式下可能造成停电事故、人身事故的生产现场和改扩建工程现场；各单位领导干部应重点关注配电、农电大规模集中检修、技改、迁改等生产作业现场。

（4）职能部门管理人员应重点关注集中检修、技术改造、带电作业、登高作业、改扩建工程等重要生产现场，重点监督检查组织措施、技术措施和安全措施是否落实到位，风险管控措施是否落实到位，各项规章制度、反事故措施是否得到严格执行，现场是否存在违章现象。各单位职能部门管理人员除关注上述重要生产现场外，还应关注农电、配电等安全管理相对薄弱的生产现场。

（5）基层单位管理人员应合理分工、统筹安排，确保各类生产现场人员到位、管理到位，重点检查安全生产规章制度、各项工作要求在现场是否得到有效执行，现场安全管理、人员作业行为是否规范，是否存在安全隐患，检修工艺是否得到有效控制。

第三节　作业现场安全监督检查人员职责

（1）安全监督人员应熟悉电力安全生产法规、劳动保护技术、全面质量监督、职业健康管理、事故调查规程、监督监察方面的法律法规和规程规范，熟悉公司安全管理规章制度，坚持"安全第一、预防为主、综合治理"的方针，在工作中敢抓敢管、不徇私情，能够充分发挥安全监督作用。

（2）安全监督人员应认真贯彻落实上级有关安全生产文件和要求，监督并配合做好职工安全教育、安全法规的学习、考试和反事故演习。

（3）安全监督人员应经培训合格后开展安全监督工作。进入作业现场着装应齐全规范，带头遵章守纪。

（4）安全监督人员应深入作业现场，掌握安全生产情况，监督劳动保护用品、设施的配备和使用。

（5）安全监督人员在发现违章时应立即制止、纠正，做好违章记录，提出纠正和整改措施，下发《违章整改通知单》，并跟踪督促整改到位。

（6）安全监督人员应定期参加并监督基层单位和班站安全日活动的开展情况，检查有关安全生产规章制度、反事故措施的贯彻执行，组织对安全生产事故的学习，监督落实防范措施，提高班组安全活动水平。

（7）安全监督人员应根据调控部门月度检修计划、周检修计划提前安排督查作业现场，优先选择人身风险、电网运行风险或输变电施工风险较大以及风险防控难度大的作业现场进行检查。

（8）安全监督人员不得直接参与现场任何生产工作，不得直接干预工作负责人的正常指挥工作。

第四节 作业现场安全监督检查主要内容

（1）安全监督人员应对现场生产、安全行为进行监督。监督现场各级人员的安全生产责任落实、安全责任书签订和岗位职责履行情况，监督各项规章制度和管理规定的执行情况。

（2）根据工作任务和现场的实际情况，检查工作现场是否与施工方案、措施等相符，对现场安全措施布置的正确和完善进行验证性检查。

（3）检查作业现场的生产条件和安全设施应符合标准规范要求，现场工作人员的劳动防护用品和安全工器具应合格、齐备。

（4）现场提问工作负责人、班组成员、外来施工人员及运维人员是否清楚工作（操作）的危险点和安全注意事项。

（5）对使用的特种设备、危险物品和特种作业人员、临时聘用人员的施工资质进行检查验证。

（6）核实作业现场工作内容是否与当日计划一致，安全措施（危险点分析及预控措施）

是否超前制定并具有针对性、可操作性；工作班所带安全工器具、材料是否齐全、合格；车辆状况是否良好；工作班人员着装是否符合规定，精神状态是否良好。

（7）检查作业现场工作票的填写是否齐全、正确；布置的安全措施及围栏、布幔是否完善并符合现场实际；工作许可人对工作负责人、工作负责人对工作成员是否进行安全交底；各级人员的责任落实及签字手续是否符合《国家电网公司电力安全工作规程》及"两票"管理规定；工作票是否始终保存在工作现场；是否严格执行工作许可制、工作监护制、工作间断、转移和终结制度等。

（8）检查操作前是否提前召开操作准备会，合理安排操作及配合人员，明确分工与责任落实，是否开展危险源的分析与防控，对操作中需要注意的问题进行强调说明；操作人和监护人是否彻底明白操作目的和意图；操作票是否做到填票人与典型操作票核对，监护人、值班负责人的把关审核；操作前，是否严格按照操作票顺序进行模拟预演；倒闸操作过程中是否严格执行"操作五制"和"五严一彻底"；是否严格开展操作后评估，对操作准备、执行全过程进行分析、总结，查找不足、提炼经验、制定整改措施。

（9）检查作业现场各类作业人员、各级管理人员等是否按规定着装；是否正确佩戴安全帽，安全帽的颜色是否符合要求；是否按规定正确使用安全带、保护绳；劳动防护用品是否齐全、完好；是否严格执行"生产作业现场十不干"要求；开工前准备、工作中监护、工作终结是否规范、有序等。

（10）检查作业现场安全用具是否定置管理、定期检查、定期试验，性能是否良好；是否按照工作票内容，按规定位置、工作需求、设置原则装设围栏、标示牌、警示带；施工安全措施是否具有针对性和可操作性。

（11）检查作业前是否根据工作内容、作业环境、气象条件、带电部位进行危险源辨识，确定辨识项目，制定辨识内容，明确控制要点；典型控制措施是否正确、齐全并符合现场实际；是否指派专责监护人进行监护；专责监护人在工作前是否对危险点和安全注意事项进行告知，在工作票上与安全技术交底单上分别签名（不得代签）等。

（12）检查"四措一案"、检修方案、标准作业卡编制是否齐全并具可操作性；工器具、材料、人员分工、安全措施设置是否正确完备；各级人员的责任落实、签字是否齐全等。

（13）检查各级人员是否按照到位标准和工作内容要求到岗到位，是否认真履行《国网河南省电力公司各级人员生产现场到岗到位实施方案》的各项要求。

（14）按照国家电网有限公司《安全生产典型违章 100 条》《图说电力安全生产典型违章 300 条》《国网河南省电力公司运检部关于印发作业现场防人身伤害 50 项重点措施》《生产现场作业十不干》《国网河南省电力公司关于对作业现场严重违章行为从严处罚的通知》要求，认真查找每项工作、每个岗位、每个环节的违章现象，检查现场工作组织过程中是否有管理违章行为，作业人员在工作过程中是否有行为违章、装置违章行为，是否按照"四不伤害"的原则主动制止、纠正违章行为。

（15）检查进入运行区域的外协队伍和临时用工人员是否履行工作票及开工许可手续；是否做到"同进同出"，工作负责人是否进行危险点告知，工作人员是否本人进行危险点签字；是否按规定着装；所配施工机械、临时用电装置是否符合安全要求；参加作业的人员是否与《二维码胸卡》相符等。

（16）作业现场电气工具、用具是否定期检查并保持完好状态；使用中是否可靠接地、接零；是否做到"一机一闸一保护"；是否按规定使用专用电源线；焊接、切割是否符合规程规定要求；高处作业安全带（绳）是否有防止金属熔化物烧断的措施；是否按规定使用动火工作票并配备充足消防器材；电气焊人员是否持证上岗。

（17）检查起重机械年检且合格；起重作业人员、指挥人员应持证上岗；起重机械在运行区域使用时应可靠接地，是否与带电部位保持足够的安全距离；吊卸路径下方有无带电设备和工作人员；是否有专人指挥和现场监督；是否严格做到"十不吊"等。

（18）检查班站安全活动能否按时开展（每周最少一次安全活动，每月不少于一次班站长组织的全站安全日活动）；是否及时传达学习近期安全简报、通报快报；分析系统内外发生的事故、障碍、异常和违章等不安全现象的原因和责任，举一反三，查找本班（站）有无类似问题，制订相应的整改、防范措施。安全活动记录内容是否空洞，参加人员应本人签名，个人发言应与活动内容对应；应结合本站和自身工作实际，真实具体地反映对安全工作的认识感受及意见建议。提问运维、检修人员能否对近期系统内安全事故通报熟知，并吸取教训及采取措施。本单位管理人员是否定期参加班组安全活动，活动录音或视频文件是否保存完好。

（19）根据《国家电网公司电力安全工作规程》《国网河南省电力公司工作票操作票管理规定（2017 年）》检查"两票"填写、执行情况，是否使用规范的操作术语和设备名称编号；同一变电站的操作票、工作票编号应连续且唯一，符合工作票、操作票的编号原则；外来施工单位是否执行"双签发"；是否正确使用事故紧急抢修单、二次安全措施票、现场勘查记录；全年操作票、工作票保存齐全，按月进行审核、装订、统计、保存，合格率达到100%。

（20）检查班组安全工器具管理是否规范，安全工具应有试验合格标签，标签是否按照《关于规范电力安全工器具标签管理工作的通知》进行粘贴；安全工器具账、物、卡是否相符；绝缘杆、验电器等绝缘工器具应有电压等级、编号、节数标识，存放地点应清洁干燥；安全工具室不应有损坏或超期的安全工具。地线应无断股，护套完好，接地线端部接触牢固，卡子应无损坏和松动，弹簧有效。安全工器具检查巡视记录是否齐全。各种标示牌的规格应符合安全规程要求和国家标准图示，并做到种类齐全、存放有序。安全帽完好有编号，数量能满足工作需要，使用期限在有效日期内。

（21）检查生产场所安全警示标志（线）、设备标志、消防安全标志、应急疏散标志设置是否符合《国家电网公司安全设施标准》，并做到完好无损，无变形、变色、破损、图形符号脱落；标志应清晰醒目，标志前不应放置妨碍认读的障碍物，不宜设在可移动物体上影响认读；多个标志在一起设置，应避免相互矛盾、重复现象；站内道路的交通标志应清晰、醒目；限高限宽标志数据正确、设置合理。

（22）检查隐患排查治理制度是否建立，安全隐患是否做到"一患一档"，安全事件隐患是否制定治理措施，已发生的事故防范和整改措施落实情况，隐患排查治理是否按照"排查（发现）—评估报告—治理（控制）—验收销号"的流程形成闭环管理，安全隐患治理是否结合电网规划和年度电网建设、技改、大修、专项活动、检修维护等进行，是否做到责任、措施、资金、期限和应急预案"五落实"。对已消除的事故隐患应及时销号，相关资料是否齐全，妥善存档。

（23）检查生产办公场所日常防火巡查、消防设施、器材维护保养、建筑消防设施检测是否按周期开展，配备是否充足；是否建立调度大楼、生产场所等高层建筑消防档案、消防器材档案；消防安全疏散指示标志醒目、完好，应急照明设备设置合理且完好；电缆竖井、管道井有无堆放易燃危险品杂物，防火封堵应严密，应悬挂自动感温式消防器材；安全出口、消防车通道有无占用、堵塞，防火门是否完好，闭门器是否有效；火灾探测器报警功能是否正常，火灾报警信号、视频监控系统等报警信号应上传至调控中心或监控中心；消防安全教育培训、消防灭火和应急疏散预案、消防演练按规定开展；各项消防预案的有效性是否符合要求；消防安全隐患是否整改落实。

第五节　作业现场安全监督检查考核

（1）对现场发生的违章行为和现象，依据《国家电网公司员工奖惩规定》《国家电网公司安全工作奖惩规定》《国家电网公司安全生产反违章工作管理办法》及《国网河南省电力公司关于对作业现场严重违章行为从严处罚的通知》进行考核。

（2）加强作业现场反违章管理，加大反违章考核力度，针对无票作业或超出工作票范围作业；擅自解除闭锁装置，使用不合格的安全工器具作业；在电气设备上工作，作业前不验电；未按顺序、不戴绝缘手套、不穿绝缘鞋装拆接地线；停电线路上工作不装设临时接地线；电容器检修前不放电、不接地，电缆试验后不充分放电；擅自开启高压开关柜门、检修小窗、移动绝缘挡板；登杆塔、高空临空作业不采取防高坠措施；顺杆下滑，利用拉线、绳索上下杆塔；采取突然剪断导线、地线、拉线等方法撤杆撤线；施工索道载人，吊车、铲车移动人员；吊装作业时起吊物下方逗留和通过；高空作业现场、深坑及井内作业不戴安全帽；进入电缆井、隧道等封闭空间不通风、不进行气体含量检测；动火作业不办理动火工作票，在易燃、易爆物品附近动火等严重违章的情况从严从重处罚，立即停止违章人员现场工作，参加教育培训，经考试合格后方可上岗；对非公司系统单位人员违章的立即停止其工作，清出现场，对所属单位按合同约定进行处罚。

（3）加强工程施工人员的资质审查和监督管理，各种安全检查中发现不具备施工资质的人员，应立即停止其工作。公司系统人员（含主业、集体、农电工）取得相应资质方可重新上岗；外来施工人员清出工作现场，按照合同约定进行其他处罚。如该施工单位重复发生无资质人员作业情况，外部施工队伍解除施工合同，并暂停其中标资格 4 个月；公司所属集体企业处以暂停其中标资格 4 个月处罚。

（4）加强工作票管理，对于施工现场使用的工作票不合格的，根据《国家电网公司电力安全工作规程》对工作票签发人、工作票负责人、工作票许可人、专责监护人、工作班成员的安全责任的划分，对相关人员进行考核。

（5）加强操作票管理，对于不按规定填票、审查、核对，执行前操作票未预先编号，操作类型不填写或填写错误，操作任务不明确，不正确使用双重编号和调度术语，不属于一个操作任务的填用一份操作票，操作、检查项目遗漏和顺序错误、不该并项的并项，操作票字迹不清、更改不符合要求，装、拆接地线地点填写不明确，未填接地线编号或填写错误，未按照规定在操作票上记录时间，设备名称、编号、拉、合等关键词修改者，操作人、监护人、值班负责人未按规定签名，伪造或代替签名者，已执行的操作票遗失、缺号等情况，根据《国家电网公司电力安全工作规程》对相关人员的安全责任划分进行考核。

（6）各单位和各级安全监督部门按月统计现场反违章情况，并进行汇总分析，上报上一级安质部备案。

第二章

变电检修现场监督

第一节　变电检修通用安全监督要点

（1）严禁无票作业，第一种工作票应在工作前一日送达运维人员。

（2）严禁作业人员擅自变更工作内容、扩大工作范围或变更现场安全措施。

（3）工作票上所列安全措施应正确完备且符合现场实际条件。

（4）工作许可人应会同工作负责人到现场检查所做安全措施，指明实际的隔离措施和带电部位，应有音像记录。

（5）工作负责人、专责监护人应向工作班成员交代工作内容、人员分工、带电部位和现场安全措施及危险点告知，应有录音记录。

（6）无工作负责人或专责监护人带领，作业人员不得进入工作现场，工作时必须有人监护。

（7）工作负责人、专责监护人应始终在工作现场，专责监护人不得兼做其他工作。

（8）作业人员进入作业现场应正确佩戴安全帽，穿全棉长袖工作服、绝缘鞋。

（9）高处作业时禁止将工具及材料上下抛投，应用绳索拴牢传递。高处作业应一律使用工具袋。

（10）高处作业现场应有专人监护，其他工作人员禁止从作业现场穿行。

（11）如遇5级及以上大风、雷电、雨雪、冰冻等恶劣天气时，禁止进行高处作业。

（12）高处作业时应按规定正确使用安全带等高处防坠用品或装置。

（13）安全带使用时禁止挂在移动或不牢固的物件上且应高挂低用。

（14）在变电站内应使用绝缘梯，工作时，梯子与地面的倾斜角约为60°。梯子应坚固完整且有专人扶持。

（15）户外搬运梯子、管子等长物，应两人放倒搬运。

（16）拆装接地线导体端均应使用绝缘棒和戴绝缘手套。

（17）作业现场应按规定配置合格的安全防护装置、安全工器具、个人防护和急救用品。

（18）各类安全工器具应按规定定期检验，不合格的禁止使用。

（19）在带电设备周围禁止使用钢卷尺或夹有金属丝的测量工具进行测量工作。

（20）作业人员严禁擅自跨越安全围栏，禁止作业人员擅自移动或拆除围栏、标示牌。

（21）外来工作人员应进行安全知识和安全规程的培训，未经考试合格的不得参与工作。

（22）工作班成员未完全撤离现场时，严禁办理工作终结手续。

第二节　变电一次设备检修作业现场安全监督要点

（1）检修设备各方面应有一个明显的断开点，禁止在只经断路器断开电源的设备上工作。

（2）作业人员应始终在接地的保护范围内工作。

（3）检修一次设备时应断开有关二次电源。

（4）断路器机构检修时应释放储能能量。

（5）引流线拆除后，应使用绝缘材料固定，并与相邻带电设备保持足够的安全距离。

（6）电容器检修前，应对其逐相充分放电且可靠接地。

（7）电缆试验后应对其进行充分放电。

（8）隔离带电部位的挡板禁止开启或拆除，并设置"止步，高压危险！"标示牌。

（9）严禁随意解锁闭锁装置，检修人员禁止擅自使用解锁工具。

（10）施工机械、设备、工器具应按照规定进行审核检查。

（11）特种车辆作业时只能由一人统一指挥，车辆应置于平坦结实的地面上，并加装接地线。

（12）严禁作业人员在起吊物或斗车臂下方逗留和通行。

（13）斗臂车、吊车的操作要缓慢进行，时刻检查其与周围带电体的净距离。

（14）吊装过程中，严禁解除力矩控制器和吊钩自锁器，有重物悬在空中时禁止驾驶人员离开控制台。

（15）动火作业应按规定办理和执行动火工作票。

（16）动火作业时应有专人监护，并配备足够适用的消防器材。

（17）动火作业使用氧气瓶时，瓶内气压必须大于 0.2MPa。

（18）动火作业中氧气瓶与乙炔瓶的距离不得小于 5m，气瓶距热源 10m 以外，使用时应有人监护。

（19）SF$_6$设备解体检修时，检修人员需穿防护服并根据需要佩戴防毒面具或正压式空气呼吸器。

（20）SF$_6$气体应采取净化回收，打开封盖后作业人员应撤离现场 30min，室内进入前应通风 15min。

（21）使用钻床时禁止佩戴手套。

（22）砂轮机的转动部分应装有防护罩，露出的轴端应有护盖。

（23）电器工具和用具应由专人保管，使用时应按规定接好漏电保护器和接地线，禁止从运行设备上直接取电源。

第三节　继电保护作业现场安全监督要点

（1）工作地点相邻屏柜前后以及对面屏柜应用明显标识或安全围栏隔开。

（2）继电保护二次安全措施票应审核并签字。

（3）插拔保护装置插件应断开装置电源，禁止带电插拔插件。

（4）二次回路上工作，应使用绝缘处理的工器具。

（5）试验开始前，应在电源屏或电源箱取电；试验结束后，应立即关闭仪器电源。

（6）进行保护定检或断路器传动，应将失灵保护或联跳回路隔离，防止运行断路器误跳闸。

（7）保护传动试验前应退出保护出口连接片，带断路器整组试验前应先通知有关人员离开断路器和机构，并设专人监护。

（8）在电流互感器二次回路进行短路接线，应用短路片或导线压接短路，并可靠接地。

（9）对交流二次电压回路通电时，必须可靠断开电压互感器二次侧的电压回路空气开关，防止反充电。

（10）带电的电流互感器二次回路上工作，应站在绝缘垫上。

（11）电流互感器、电压互感器本体接线检查，应使用安全带，防止高空坠落。

（12）恢复电流回路连接片应两人执行，防止漏恢复连片造成开路。

（13）隔离开关二次回路上工作，应断开隔离开关机构电动机电源空气开关，并挂"禁止合闸，有人工作！"标示牌。

（14）禁止在运行中的保护屏上钻孔或进行有震动的工作。

（15）定值整定前应核对定值单编号、装置型号和软件版本号。

（16）公用电流互感器二次绕组二次回路只允许在保护柜屏内一点接地；独立的、与其他电压互感器和电流互感器的二次回路没有电气联系的二次回路应在开关场一点接地。

第四节　高压试验作业现场安全监督要点

（1）使用携带型仪器在高压回路上进行工作，应至少两人进行。需要高压设备停电或做安全措施的，应填用变电站第一种工作票。

（2）在同一电气连接部分，许可高压试验工作票前，应先将已许可的检修工作票收回，禁止再许可第二张工作票。

（3）试验装置的金属外壳应可靠接地，试验用的接地线应用裸铜线，截面积不得小于6mm，不准用熔断器或隔离开关接地，不得使用未经检验合格或超过检测周期的试验装置与安全工器具进行试验。

（4）试验装置的电源开关，应使用明显断开的双极隔离开关，试验装置低压回路的电源开关应加装过载自动跳闸装置。

（5）试验现场应装设遮栏或围栏，遮栏或围栏与试验设备高压部分应有足够的安全距离，向外悬挂"止步，高压危险！"的标示牌，并派人看守。

（6）被试设备两端不在同一地点时，另一端还应派人看守；高压试验作业人员在全部加压过程中应站在绝缘垫上，加压过程应有人监护并呼唱。

（7）在高压试验加压之前，必须保证有足够的安全距离。特别是在与所加压设备相连接或与其引线相近的设备上工作的人员，必须离开，并保证有足够的安全距离，方可加压。

（8）高压试验前，应将被试设备从各方面断开，验明无电压，确实证明设备上无人工作后，方可进行。

（9）大电容的被试设备应先进行放电，再进行试验，高压直流试验时，试验结束后，应每次放电并接地，试验仪器也要放电并接地。

（10）在测量中禁止他人接近设备，在测量前后，必须将被试设备对地充分放电，测量线路绝缘，确实验明线路无人工作方可进行。

（11）变更接线或试验结束时，应首先断开试验电源，然后进行放电，并将升压设备的高压部分短路接地，拆除试验线顺序为先拆被试设备端、后拆仪器端。

（12）在带电设备附近测量绝缘电阻时，测量人员和绝缘电阻表引线或引线支持物安放位置，必须选择适当，保持安全距离。移动引线时，必须注意监护防止触电。

（13）电压表、携带型电压互感器和其他高压测量仪器进行带电工作时，应使用耐高压的绝缘导线，导线不准有接头，并应连接牢固，必要时用绝缘物加以固定。

（14）试验结束时，试验人员应拆除自装的接地短路线，并对被试设备进行检查，恢复试验前的状态，经试验负责人复查后，进行现场清理。

第五节　直流设备检修作业现场安全监督要点

（1）劳动防护用品应齐备、齐全，对铅酸蓄电池加电解液时，必须配备防止硫酸水溶液对人身造成伤害的劳动防护用品。

（2）直流蓄电池做充放电试验时，防止交流电流供充电机突然中断造成全站失去直流安全措施必须到位。

（3）进铅酸蓄电池室工作前必须打开排风装置。

（4）在靠近电池不准放置热源或易产生电火花、明火的作业。

（5）直流回路上工作应有防止保护拒动或误动的措施。

（6）应断开的操作电源、信号电源、测控电源必须断开。

（7）电池上的工作应有防止电池短路的安全措施。

（8）配置单组蓄电池的变电站，更换整组蓄电池时，应有备用直流电源接入直流系统。

（9）二次控制电缆交直流应分开铺设。

（10）更换单节不合格蓄电池应戴绝缘手套，使用绝缘工具拆除不合格电池。

（11）直流充电模块检修或更换时，不得同时关闭充电模块。

（12）更换充电模块，应断开模块交流控制开关和直流输出开关，专人监护。

（13）更换表计应断开表计控制熔断器和取样熔断器。

（14）直流系统接地故障处理时，防止人为造成直流系统正负极两点接地。

（15）直流接地故障时，对于直流系统供电的重要分路，禁止采用拉开分路的方式处理，应采用专业接地故障查找仪器进行处理。

第六节　低压设备检修作业现场安全监督要点

（1）低压电气作业前，应首先对检修设备和设备金属外壳进行验电，掌握设备带电情况及各种异常。

（2）低压电气工作，应采取措施防止误入相邻间隔、误碰相邻带电部分。

（3）低压设备停电工作，应断开电源、取下熔断器，加锁或悬挂标示牌，确保不误合。

（4）低压装表接电时，应先安装计量装置后接电；电容器柜内工作，应先断开电源并逐项充分放电后，方可工作。

（5）低压电气作业时，拆开的引线、断开的线头应采取绝缘包裹等遮蔽措施。

（6）停电更换熔断器后，恢复操作及低压电气带电作业时，应戴手套和护目镜，并保持对地绝缘。

（7）检修相线与零线距离很近的接线桩头，如电源开关、继电器、转换开关、配电柜的接线端子等时，宜采用停电检修方式，必须带电作业时，应采取防止短路和眼睛灼伤措施。

（8）低压带电作业前，应先分清相线、中性线，选好工作位置，断开导线时，应先断相线，后断开中性线；搭接导线时，顺序相反。人体不得同时接触两根线头，禁止带负荷断、接导线。

（9）低压带电作业时，应采取遮蔽有电部分等防止相间短路或单相接地的有效措施，若无法采取遮蔽措施，应将影响作业的设备停电。

（10）低压带电作业时，所有未接地或未采取绝缘遮蔽、断开点加锁挂牌等可靠措施隔绝电源的设备均应视为带电。未经验明确无电压，禁止触碰导体裸露部分。

（11）低压电气带电作业时，作业范围内电气回路的剩余电流动作保护装置应投入运行。

（12）低压带电作业使用的工具应有绝缘柄，其外裸露的导电部位应采取绝缘包裹措施；禁止使用锉刀、金属尺和有金属物的毛刷、毛掸等工具。

（13）在配电柜中带电的电能表和电气回路上检修时，应将电压互感器和电流互感器的二次绕组可靠接地。断开电流回路时，应将电流互感器二次侧的专用端子短路。

第三章

变电运维现场监督

第一节　变电站设备巡视安全监督要点

（1）具备完善的设备巡视检查制度，编制并执行正常巡视和特殊巡视标准化巡视卡，按设备巡视路线图进行。

（2）巡视人员符合作业人员基本条件，单独巡视时应是经批准的具备巡视资格的人员。

（3）巡视时，不准进行其他工作，不准移开或越过遮栏。

（4）巡视人员应注意人身安全，针对运行异常且可能造成人身伤害的设备应开展远方巡视，应尽量缩短在瓷质、充油设备附近的滞留时间。

（5）巡视时发现的异常和缺陷，应及时登记汇报。

（6）巡视人员应着工作服，正确佩戴安全帽。雷雨天气必须巡视时应穿绝缘靴、着雨衣，不得靠近避雷器和避雷针，不得触碰设备、架构。

（7）地震、台风、洪水等灾害发生时，不得巡视灾害现场。确需巡视，应制定必要的安全措施，经批准后方可进行，并至少两人一组，应与派出部门保持通信畅通。

（8）发现设备接地，巡视人员室内保持距故障点 4m 以外，室外保持 8m 以外，进入上述范围应穿绝缘靴，接触设备外壳或构架，应戴绝缘手套。

（9）为确保夜间巡视安全，变电站应具备完善的照明。现场巡视工器具应合格、齐备。备用设备应按照运行设备的要求进行巡视。

（10）巡视室内设备时，应随手关门。钥匙应按值移交，外借经批准的工作负责人使用时，应登记签名，按期归还。

第二节　变电站倒闸操作安全监督要点

（1）倒闸操作应有值班调控人员或运维负责人正式发布的指令，受令人应复诵无误后执行，并使用经事先审核合格的操作票，按操作票填写顺序逐项操作。

（2）操作前应准备相应的个人防护用具、安全工器具并检查合格后方可使用。

（3）发布指令应准确、清晰，使用规范调度术语和设备双重名称。发受令应全程录音做好记录。有疑问时，双方应询问清楚无误。双方人员应具备资质。

（4）操作票由操作人填写。操作票应根据调控指令和现场运行方式，参考典型操作票拟定。操作人、监护人核对操作项目合格后签名。一张操作票只能填写一个操作任务。

（5）单人操作时不得进行登高或登杆操作。

（6）操作前应核对系统方式、设备名称、编号和位置，防误操作闭锁装置处于良好状态，当前运行方式与模拟图板对应。

（7）操作的全过程执行核对、监护、模拟、唱票、复诵、检查制度并录音标记。

（8）操作全过程中，操作人不准有任何未经监护人同意的操作行为，远方操作应提醒现场人员远离操作设备。

（9）操作中发生疑问或因故中断，应立即停止操作，并向发令人报告，禁止单人滞留在操作现场。待发令人再行许可后方可进行操作。

（10）不准擅自更改操作票，不准随意解除闭锁装置。解锁应履行批准程序。

（11）雷电时，禁止进行就地倒闸操作。

（12）设备经操作停电后，在未拉开有关隔离开关和做好安全措施前，不得触及设备或进入遮栏，防止突然来电。

<h2 style="text-align:center">第三节　变电站现场勘察安全监督要点</h2>

（1）站内主要设备现场解体、返厂检修和改（扩）建项目施工；开关柜内一次设备检修和一、二次设备改（扩）建项目施工；保护及自动装置更换或改造；带电作业；涉及多专业、多单位、多班组的大型复杂作业；使用吊车、挖掘机等大型机械的作业。试验和推广新技术、新工艺、新设备、新材料的作业项目应进行勘察。

（2）现场勘察应在工作票执行和"四措一案"编制前完成。

（3）现场勘察由工作票签发人或工作负责人组织，一般由工作负责人、设备运维管理单位和作业单位相关人员参加。

（4）对涉及多专业、多单位的大型复杂作业项目，应由项目主管部门、单位组织相关人员共同参与。

（5）承发包工程作业应由项目主管部门、单位组织，设备运维管理单位和作业单位共同参与。

（6）开工前，工作负责人或工作票签发人应重新核对现场勘察情况，发现与原勘察情况有变化时，应及时修正、完善相应的安全措施。

（7）现场勘察应注意把握对施工的必要性、安全性，以及采取的停电方式，装设接地线的位置，人员进出通道，设备、机械搬运通道及摆放地点，地下管沟、隧道、工井等有限空间，地下管线设施走向等是否对人身产生伤害；重点辨识和评估检修作业现场的安全风险及其预防、控制措施［主要风险包括人身触电、高空坠落、机械伤害、物体打击、保护三误（误动误碰误接线）、电气误操作等］。

（8）现场勘察应填写现场勘察记录，包括需明确停电的范围、保留的带电部位、作业现场的条件（交叉跨越、地下管网布置）、地理环境（雨雪、大风、高温、冰冻、土质、起吊距离、交叉跨越、邻近带电设备等）及现场其他情况，必要时应附图说明。

第四节　运维一体化项目通用安全监督要点

（1）站内安全措施应由工作许可人负责布置，采取电话许可方式的变电站第二种工作票安全措施可由工作人员自行布置，工作结束后应汇报工作许可人。

（2）安全措施布置完成前，禁止作业。

（3）工作许可人应审查工作票所列安全措施正确完备性，检查工作现场布置的安全措施是否完善（必要时予以补充）和检修设备有无突然来电的危险。

（4）对工作票所列内容即使发生很小疑问，也应向工作票签发人询问清楚，必要时应要求进行详细补充。

（5）10kV 及以上双电源用户或备有大型发电机用户配合布置和解除安全措施时，作业人员应现场检查确认。

（6）现场为防止感应电或完善安全措施需加装接地线时，应明确装、拆人员，每次装、拆后应立即向工作负责人或小组负责人汇报。

（7）工作票中注明接地线的编号，装、拆的时间和位置。

（8）许可开工前，应提前做好作业所需工器具、材料等准备工作。

（9）许可开工前，工作许可人应会同工作负责人检查现场安全措施布置情况，指明实际的隔离措施、带电设备的位置和注意事项，证明检修设备确无电压，并在工作票上分别确认签字。电话许可时由工作许可人和工作负责人分别记录双方姓名，并复诵核对无误。

（10）所有许可手续（工作许可人姓名、许可方式、许可时间等）均应记录在工作票上。

（11）许可手续完成后，工作负责人组织全体作业人员整理着装，统一进入作业现场，进行安全交底，列队宣读工作票，交代工作内容、人员分工、带电部位、安全措施和技术措施，进行危险点及安全防范措施告知，抽取作业人员提问无误后，全体作业人员确认签字。

（12）执行总、分工作票或小组工作任务单的作业，由总工作票负责人（工作负责人）和分工作票（小组）负责人分别进行安全交底。

第五节　带电清扫安全监督要点

（1）带电清扫作业应办理变电带电作业票，工作票签发人、工作负责人、工作班成员必须培训考试合格。

（2）使用的绝缘杆长度应符合《电力安全工作规程》要求。清扫前应确定清扫设备试验合格完好，绝缘部件无变形、脏污和损伤，清扫机械已可靠接地。

（3）作业人员应在上风侧作业，佩戴合格的个人防护用品，如口罩、护目镜等。

（4）作业时，作业人员的双手应始终放在绝缘杆护环以下位置，同时保持带电清扫绝缘部件的清洁干燥。

（5）作业时，还应加强感应电的防护，确有必要时应穿屏蔽服。

（6）作业结束后，带电工具应存放在通风良好、清洁干燥的专用工具柜内。

第六节　变电站防误闭锁装置安全监督要点

（1）防误闭锁装置应简单完善、安全可靠，操作和维护方便，能够实现防误操作功能，应与主设备同时投运，建立台账并及时检查。

（2）高压电气设备的防误闭锁装置因为缺陷不能及时消除，防误功能暂时不能恢复时，可通过加挂机械锁作为临时措施；此时机械锁的钥匙也应纳入防误解锁管理，禁止随意取用。

（3）防误装置解锁工具应封存管理并固定存放，任何人不准随意解除闭锁装置。

（4）若遇危及人身、电网、设备安全等紧急情况需要解锁操作，可由变电运维班当值负责人下令紧急使用解锁工具，解锁工具（钥匙）使用后应及时封存并做好记录。

（5）电气设备检修需要解锁操作时，应经防误装置专责人现场批准，并在值班负责人监护下由运维人员进行操作，不得使用万能钥匙解锁。

（6）停用防误闭锁装置应经设备运维管理单位批准。短时间退出防误操作闭锁装置时，应经变电运维班（站）长批准，并应按程序尽快投入。

第七节　消防设施安全监督要点

（1）运维单位及各班站应结合变电站实际情况制定消防预案，消防预案中应包括应急疏散部分，并定期进行演练。消防预案内应有变压器类设备灭火装置、烟感报警装置和消防器材的使用说明。

（2）变电站现场运行专用规程中应有变压器类设备灭火装置的操作规定。变电站消防管理应设专人负责，建立台账并及时检查。

（3）变电运维人员应熟知消防设施的使用方法，熟知火警电话及报警方法，掌握自救逃生知识和消防技能。

（4）变电站有消防器材布置图，标明存放地点、数量和消防器材类型，消防器材按消防布置图布置。变电运维人员应会正确使用、维护和保管。

（5）变电站防火警示标志、疏散指示标志应齐全、明显。

（6）变电站设备区、生活区严禁存放易燃易爆及有毒物品。因施工需要放在设备区的易燃、易爆物品应加强管理，并按规定要求使用，使用完毕后立即运走。

（7）在防火重点部位或场所以及禁止明火区动火作业，应填用动火工作票。

（8）灭火时应防止压力气体、油类、化学物等燃烧物发生爆炸及防止被火烧伤或被燃烧物所产生的气体引起中毒、窒息。

（9）电气设备未断电前，禁止人员灭火。灭火时应将无关人员紧急撤离现场，防止发生人员伤亡。

第八节　变电站防小动物管理安全监督要点

（1）高压室、低压室、电缆层室、蓄电池室、通信机房、设备区保护小室等通风口处应有防鸟措施，出入门应有防鼠板，防鼠板高度不低于 40cm。

（2）设备室、电缆夹层、电缆竖井、控制室、保护室等孔洞应严密封堵，各屏柜底部应用防火材料封严，电缆沟道盖板应完好严密。各开关柜、端子箱和机构箱应封堵严密。

（3）各设备室不得存放食品，应放有捕鼠（驱鼠）器械，统一标识。通风设施进出口、自然排水口应有金属网格等防止小动物进入措施。

（4）因施工和工作需要将封堵的孔洞、入口、屏柜底打开时，应在工作结束时及时封堵。若施工工期较长，每日收工时施工人员应采取临时封堵措施。工作完成后应验收防小动物措施恢复情况。

（5）变电站应根据鸟害实际情况安装防鸟害装置。

第九节　安全工器具及安全标识安全监督要点

（1）各种安全工器具应有明显的编号，绝缘杆、验电器等绝缘工器具必须有电压等级、试验日期的标识，必要时配置防雨罩，应有固定的存放处，存放在清洁干燥处，注意防潮、防结露。

（2）各种安全工具均应按安全规程规定的周期进行试验，试验合格后方可使用，不得超期使用。

（3）携带型地线必须符合安全规程要求，接地线的数量应能满足本站需要，截面满足装设系统短路容量的要求。导线应无断股、护套完好、接地线端部接触牢固、卡子应无损坏和松动，弹簧有效。存放地点和地线本体均有编号，存放要对号入座。

（4）各种标示牌的规格应符合安全规程要求，并做到种类齐全、存放有序。安全帽、安全带应完好，数量能满足工作需要。

（5）各类安全标识应统一、规范，并清晰醒目，与设备标志相协调。

（6）停电工作使用的临时遮栏、围网、布幔和悬挂的各种标示牌应符合现场情况和安全规程的要求。

（7）变电站内应有限高、限速、各电压等级安全距离标识。

（8）变压器、设备构架的爬梯上应悬挂"禁止攀登，高压危险"的标示牌。

（9）变电站蓄电池室和电缆夹层应有"禁止烟火"标识。

（10）进入 GIS 等户内 SF_6 设备场所，应有"注意通风"标识。

第十节　一、二次设备红外测温工作安全监督要点

（1）进行电力设备红外热像检测的人员应具有一定的现场工作经验，熟悉并能严格遵守电力生产和工作现场的相关安全管理规定，应经过上岗培训并考试合格。

（2）应在良好的天气下进行，如遇雷、雨、雪、雾不得进行该项工作，风力大于 5m/s

时，不宜进行该项工作。

（3）检测时应与设备带电部位保持相应的安全距离。

（4）进行检测时，要防止误碰、造成误动设备。

（5）行走中注意脚下，防止踏空人员摔伤。

（6）应有专人监护，监护人在检测期间应始终行使监护职责，不得擅离岗位或兼任其他工作。

第十一节　变压器铁芯与夹件接地电流测试安全监督要点

（1）检测工作不得少于两人。负责人应由有经验的人员担任，开始测试前，负责人应向全体测试人员详细进行安全交底。

（2）应在良好的天气下进行，户外作业如遇雷、雨、雪、雾不得进行该项工作，风力大于5级时，不宜进行该项工作。

（3）检测时应与设备带电部位保持相应的安全距离。在进行检测时，要防止误碰误动设备。

（4）行走中注意脚下，防止踏空造成人员摔伤。

第十二节　事故油坑油池内作业安全监督要点

（1）进入事故油池作业前，应制定消除、控制危害的措施，确保整个作业期间处于安全受控状态。

（2）进入事故油池作业前，应当严格执行"先通风、再检测、后作业"的原则，未经通风和气体检测，或检测不合格，严禁作业人员进入事故油池作业。

（3）进入事故油池作业前，应确定并明确工作负责人、准入者（工作班人员）和监护人及职责。应至少安排一名监护人在事故油池外持续监护。

（4）在事故油池内工作期间，应给作业人员提供个人防护用品及报警仪器。

（5）在事故油池内工作期间，应强制持续性通风，保证足够的新鲜空气供给。

（6）强制通风时，应将通风管道延伸至事故油池底部，有效去除大于空气密度的有害气体或蒸汽，保持空气流通。

第四章

输电运检现场监督

第一节　架空输电线路检修作业现场安全监督要点

（1）严禁无票作业，严禁超出工作票范围作业。

（2）正确办理和填写工作票，工作票中所列的安全措施和安全注意事项与实际工作应有针对性，工作班成员姓名和人员签名应前后对应，严格履行人员变动手续。

（3）开工前，工作负责人向全体工作班成员宣读工作票，并做好录音和拍照，明确工作范围和带电部位，交代安全措施，工作班成员履行签字确认手续。

（4）工作负责人、专责监护人应始终在工作现场；专责监护人在进行监护时，不准兼做其他工作。

（5）高空作业人员必须使用安全带，使用前应做好外观检查，安全带应高挂低用，在转移作业位置时，不准失去安全保护。后备保护绳超过 3m 时，应使用缓冲器。后备保护绳不准对接使用。

（6）使用合格的安全工器具，使用前做好外观检查，禁止使用未经检验或超期未检的安全工器具。

（7）登杆塔前，应检查塔身、脚钉、拉线等部位是否牢靠，人员禁止携带器材登杆或在杆塔上移位。禁止利用绳索、拉线上下杆塔或顺杆下滑。

（8）在停电线路上工作前，应使用相应电压等级、合格的接触式验电器验明线路确无电压。验电应严格按照顺序逐相进行，禁止出现漏验或穿越未经验电、接地的线路。

（9）工作地段附近有邻近、平行、交叉跨越及同塔架设的线路时，应使用个人保安线。

（10）停电检修线路如与另一回带电线路相交叉或接近，以致工作时人员、工器具、施工机具可能接近另一回导线时，则另一回线路也应停电并予接地。

（11）杆塔作业应使用工具袋，较大的工具应固定在牢固的构件上，不准随便乱放，上下传递物件应用绳索传递，禁止上下抛掷。

（12）在同塔架设多回线路中部分停电的工作中，登杆塔和在杆塔上工作时，每基杆塔都应设专人监护。

（13）在同塔架设多回线路中部分停电的工作中，不准进入带电侧横担，或在横担上放置任何物件。

（14）5级以上的大风以及暴雨、雷电、冰雹、大雾、沙尘暴等恶劣天气下，应停止露天高处作业；雷雨天气时，应禁止野外起重作业。

（15）起重设备、吊索具和其他起重工具的工作负荷，不准超过铭牌使用。

（16）杆塔上有人时，不准调整或拆除拉线。

（17）禁止采用突然剪断导线、地线、拉线等方法撤杆撤线。

（18）动火作业按规定办理和执行动火工作票。

（19）吊物上不许站人，禁止作业人员利用吊钩来上下。

（20）更换绝缘子或移动导线的作业，当采用单吊（拉）线装置时，应采取防止导线脱落时的后备保护措施。

（21）在起吊、牵引过程中，受力钢丝绳的周围、上下方、内角侧和起吊物的下面，禁止有人逗留和通过。

（22）接地线拆除后，应认为线路带电，不准任何人再登杆进行工作。

第二节　架空输电线路带电作业现场安全监督要点

（1）带电作业应在良好天气下进行，如遇雷电、雪、雹、雨、雾等，不准进行带电作业，风力大于 5 级或湿度大于 80%，不宜进行带电作业。

（2）不允许不具备带电作业资格人员进行带电作业。

（3）在工作期间，工作票应始终保留在工作负责人手中。一个工作负责人不能同时执行多张工作票。

（4）进入作业现场应正确佩戴安全帽，使用工具、材料应用绳索传递，不得抛掷。

（5）登杆塔前，应检查塔身、脚钉、拉线等部位是否牢靠，人员禁止携带器材登杆或在杆塔上移位。

（6）从事高处作业应按规定正确使用安全带等高处防坠用品或装置。登高作业过程中应进行专人监护。

（7）带电作业应设专责监护人。监护人不准直接操作。监护的范围不准超过一个作业点。复杂或高杆塔作业必要时应增设（塔上）监护人。

（8）等电位作业时，应在衣服外穿合格的全套屏蔽服且各部位连接良好。

（9）带电作业不准使用非绝缘绳索（如棉纱绳、白棕绳、钢丝绳）。

（10）在市区或人口稠密的地区进行带电作业时，工作现场应设置围栏，派专人监护，禁止非工作人员入内。

（11）禁止带负荷断、接引线。带电断、接空载线路时，作业人员应佩护目镜，并采取消弧措施。

（12）按规定使用合格的安全工器具，不得使用未经检验合格或超过实验周期的安全工器具进行作业。

（13）等电位作业人员沿绝缘子串进入强电场的作业，一般在 220kV 及以上电压等级的绝缘子串上进行。

（14）带电采用单吊（拉）装置更换单串绝缘子串时，应采取防止导线脱落时的后备保护措施。

（15）绝缘操作杆的允许使用电压与设备电压等级相符。

（16）装、拆保护间隙的人员应穿全套屏蔽服装。

（17）等电位作业人员在电位转移前，应得到工作负责人的许可。

（18）现场使用的带电作业工具应放置在防潮的帆布或绝缘垫上。

（19）带电作业禁止使用损坏、受潮、变形、失灵的绝缘工具。

第三节 架空输电线路运维作业现场安全监督要点

（1）在偏僻山区和夜间巡线应有两人进行。汛期、暑天、雪天等恶劣天气巡线必要时由两人进行。

（2）单人巡线时，禁止攀爬电杆和铁塔。

（3）风力超过 5 级时，禁止砍剪高出或接近导线的树木。

（4）杆塔上作业必须使用安全带。安全带应高挂低用，绑在牢固的构筑件上。

（5）上树砍剪树木时，不应攀抓脆弱和枯死的树枝，并使用安全带。安全带不准系在待砍剪树枝的断口附近或以上。不应攀登已经锯过或砍过的未断树木。

（6）砍剪树木时，应防止马蜂等昆虫或动物伤人。

（7）梯子不宜绑接使用。人字梯应有限制开度的措施。人在梯子上时，禁止移动梯子。

（8）砍剪树木应有专人监护。待砍剪的树木下面和倒树范围内不准有人逗留，城区、人口密集区应设置围栏。

（9）巡线工作时禁止泅渡。

（10）地震、台风、洪水、泥石流等灾害天气，禁止巡视灾害现场。

第四节　架空输电线路无人机飞行作业现场安全监督要点

（1）作业前应核实作业范围地形地貌、气象条件、许可空域、现场环境以及无人机运检系统状态等满足安全作业要求，任意一项不满足安全作业要求或未取得确认，工作负责人不得下令起飞。

（2）对复杂地形、复杂气象条件下或夜间开展的无人机巡检作业以及现场勘察认为危险性、复杂性和困难程度较大的无人机巡检作业，应专门编制组织措施、技术措施、安全措施，并履行相关审批手续后方可执行。

（3）一个工作负责人不能同时执行多张飞行单，在巡检作业期间，飞行单应始终保留在工作负责人手中。

（4）一张飞行单只能使用一种型号无人机巡检系统，使用不同型号无人机巡检系统进行飞行作业，应分别填写飞行单。

（5）工作地点、起降点及起降航线上应避免无关人员干扰，必要时可设置安全警示区。

（6）应采取有效措施防止无人机巡检系统故障或事故后引发火灾等次生灾害。

（7）航线规划应避开空中管制区、重要建筑和设施，尽量避开人员活动密集区、通信阻隔区、无线电干扰区、大风或切变风多发区和森林防火区等地区。

（8）巡检作业现场所有人员应正确佩戴安全帽和穿戴个人防护用品，正确使用安全工器具和劳动防护用品。

（9）无人机巡检系统放飞后，在起飞点附近进行悬停或盘旋飞行，作业人员确认系统工作正常后方可继续执行巡检任务。

（10）使用无人直升机巡检作业时，巡检飞行速度不宜大于 15m/s，使用固定翼无人机巡检作业时，巡检飞行速度不宜大约 30m/s。

（11）除必要的跨越外，无人机巡检系统不得在公路、铁路两侧路基外各 100m 之间飞行，距油气管线边缘距离不得小于 100m。

（12）除必要外，航线不得跨越高速铁路，尽量避免跨越高速公路。

（13）无人直升机巡检系统悬停时应顶风悬停且不应在设备、建筑、设施、公路和铁路等的上方悬停。

（14）如遇到故障或紧急情况，应尽可能控制飞行器在安全区域紧急降落，优先保证线路安全运行。情况紧急时，可立即控制无人机巡检系统返航或就近降落。

（15）巡检作业区域出现其他飞行器或漂浮物时，应立即评估巡检作业安全性，在确保安全后方可继续执行巡检作业，否则应采取避让措施。

第五章

配电运检现场监督

第一节　新建线路作业现场安全监督要点

（1）检查现场勘查记录。

（2）检查班前会记录和录音情况。

（3）检查安措是否满足作业安全要求。

（4）检查安全工器具是否齐备和合格。

（5）检查作业人员安全工器具使用是否正确。

（6）检查工作负责人、监护人按规定穿戴明显标志标识。

（7）人口密集场所施工应设置安全围栏，交通路口摆放交通警示牌。

（8）电杆埋深应符合技术要求，并按规定使用三盘。

（9）终端杆应使用牢固的拉线，必要时可增加临时拉线。

（10）交叉跨越其他带电电力线路施工是否制定和采取防感应电伤人措施和导线抖动误碰措施。

（11）铁塔杆、地脚螺栓与螺帽要匹配，有防脱落措施。

第二节　线路升级改造作业现场安全监督要点

（1）检查现场勘查记录。

（2）工作负责人、监护人按规定穿戴明显标志标识。

（3）安全工器具齐备、合格情况。

（4）停电要有明显的断开点或有反映设备运行状态的电气和机械指示，柱上开关停电专人看护，悬挂标示牌。

（5）安措布置与工作票所列应一致。

（6）每个工作班组应按规定布置安措。

（7）班前会记录及录音。

（8）安全工器具正确使用。

（9）专职监护人应始终在现场履行监护职责，不从事与监护无关的事情。

（10）杆上作业必须使用双保险安全带，安全带应高挂低用，并固定在牢固的构架上。

（11）人口密集场所施工应设置安全围栏，交通路口摆放交通警示牌。

（12）旧线路作业应检查拉线、杆基是否牢固，剪断旧线时禁止采取突然剪断导线、地线、拉线等方法撤杆撤线。

（13）新建线路新杆埋深要符合技术要求，并按规定使用三盘。

（14）终端杆应使用牢固的拉线，必要时可增加临时拉线。

（15）铁塔杆、地脚螺栓与螺帽要匹配，有防脱落措施。

（16）交叉跨越其他带电电力线路施工是否制定和采取防感应电伤人措施和导线抖动误碰措施。

（17）工作负责人在工作班成员完全撤离工作现场后方可办理工作终结手续。

第三节　故障抢修作业现场安全监督要点

（1）事故抢修前要进行现场勘查。

（2）要办理事故抢修单或工作票。

（3）工作负责人、监护人按规定穿戴明显标志标识。

（4）事故抢险单安全措施与现场实际要一致。

（5）停电要有明显的断开点或有反映设备运行状态的电气和机械指示，柱上开关停电专人看护，悬挂标示牌。

（6）检查班前会记录及录音。

（7）安全工器具正确使用。

（8）专职监护人应始终在现场履行监护职责，不从事与监护无关的事。

（9）杆上作业必须使用双保险安全带，安全带应高挂低用，并固定在牢固的构架上。

（10）人口密集场所施工应设置安全围栏，交通路口摆放交通警示牌。

（11）交叉跨越其他带电电力线路施工是否制定和采取防感应电伤人措施和导线抖动误碰措施。

（12）工作负责人在工作班成员完全撤离工作现场后方可办理工作终结手续。

第四节　配电变压器更换作业现场安全监督要点

（1）工作负责人、监护人按规定穿戴明显标志标识。

（2）安全工器具齐备、合格情况。

（3）安措布置与工作票所列应一致。

（4）班前会记录及录音。

（5）安全工器具正确使用。

（6）专职监护人应始终在现场履行监护职责，不从事与监护无关的事。

（7）登高作业必须使用双保险安全带，安全带应高挂低用，并固定在牢固的构架上。

（8）人口密集场所施工应设置安全围栏，交通路口摆放交通警示牌。

（9）吊装变压器时，应有专人指挥，与带电部位保持足够的安全距离。

（10）工作负责人在工作班成员完全撤离工作现场后方可办理工作终结手续。

第五节　故障电缆抢修作业现场安全监督要点

（1）电缆终端要可靠接地。

（2）工作负责人、监护人按规定穿戴明显标志标识。

（3）安全工器具齐备、合格情况。

（4）停电要有明显的断开点或有反应设备运行状态的电气和机械指示，柱上开关停电专人看护，悬挂标示牌。

（5）安措布置与工作票所列应一致。

（6）每个作业班组均应按要求布置安措。

（7）安全工器具正确使用。

（8）专职监护人应始终在现场履行监护职责，不从事与监护无关的事。

（9）杆上作业必须使用双保险安全带，安全带应高挂低用，并固定在牢固的构架上。

（10）人口密集场所施工应设置安全围栏，交通路口摆放交通警示牌。

第六节　电力通道线路清障作业现场安全监督要点

（1）工作负责人、监护人按规定穿戴明显标志标识。

（2）安全工器具齐备、合格情况。

（3）检查班前会记录及录音。

（4）安全工器具正确使用。

（5）专职监护人应始终在现场履行监护职责，不从事与监护无关的事情。

第六章

电网建设现场监督

第一节　建筑工程作业现场安全监督要点

（1）施工用电专业电工接火，电源线使用多股软铜线，严格按照"一机一闸一保护"。

（2）挖土区域设置硬质围栏、安全标示牌，围栏离坑边不得小于 0.8m。

（3）堆土应距坑边 1m 以外，高度不得超过 1.5m。

（4）岩石基坑开挖需选择具有相关资质的民爆公司实施，签订专业分包合同和安全协议。

（5）脚手架搭设、拆除人员应持证上岗，高处作业脚穿防滑鞋、佩戴安全带并高挂低用。

（6）脚手架的立杆必须设置有金属底座或垫板且高于自然地坪 50～100mm。

（7）高度在 24m 及以上的双排脚手架应在外侧全立面连续设置竖向剪刀撑。

（8）脚手架搭设完毕后需经使用和监理单位联合验收，并在醒目位置悬挂验收合格牌。

（9）在高处进行模板安装与拆除时，作业人员应从扶梯上下，不得在高处独木上行走或在模板、支撑上攀登。

（10）模板支架立杆底部应加设满足承载力的垫板，不得使用砖及脆性材料铺垫。

（11）平台模板的预留孔洞应设维护栏杆，模板调整找正时要轻动轻移，防止模板滑落伤人。

（12）模板拆除时不得站在正在拆除的模板上，拆卸卡扣时应由两人在同一面模板上的两侧进行。

（13）作业人员在绑扎钢筋时，不得站立在钢筋骨架上和从柱骨架上下。

（14）进行混凝土卸料时基坑内不得站人，投料高度超过 2m 时应使用溜槽或串筒。

（15）振捣混凝土时，作业人员应穿好绝缘靴、戴好绝缘手套。

第二节　变电站构架、横梁吊装及一次设备、母线安装作业现场安全监督要点

（1）大型或超长设备组件的竖立应采用两处及以上吊点配合操作。

（2）禁止攀登断路器、互感器、避雷器、高压套管等设备的绝缘套管。

（3）吊装前，起重机全面检查并空载试运转，设置好警戒区域且悬挂警告牌。

（4）临时拉线绑扎应靠近 A 型杆头，吊点绳和临时拉线必须由专业起重工绑扎并用卡扣紧固。

（5）当天吊装完成的构架必须当天进行混凝土二次浇注，禁止过夜。

（6）变压器注油排氮时，任何人员不得在排气孔停留。

（7）进入变压器、电抗器内部作业时，作业人员必须穿无纽扣、无口袋的工作服、耐油防滑靴等专用防护用品，所带工具必须拴绳、登记、清点。

（8）变压器、电抗器在放油、滤油过程中，外壳、铁芯、夹件等均要可靠接地，同时储油罐和滤油机等设备也应接地。

（9）对已充油的变压器、电抗器微小渗漏进行补焊时，需办理动火工作票，并且遵循焊接部位在油面以下、采用气体保护焊（或断续的电焊）、焊点周围无油污等规定。

（10）变压器套管吊装时，在套管法兰螺栓未完全紧固前，起重机械应保持受力状态。

（11）在隔离开关、闸刀型开关的闸刀在断开位置时，不得搬运。

（12）断路器、传动装置以及有返回弹簧或自动释放的开关，在合闸位置或未锁好时，不得搬运。

（13）六氟化硫气瓶的安全帽、防震圈应齐备，应单独放置在防晒、防潮、通风良好的场所，不得靠近热源及有油污的地方，油污和水分也不允许粘在阀门上。

（14）断路器操作时，应事先通知高处及附近作业人员；隔离开关安装时，作业人员不得在隔离刀刃及动触头横梁范围内作业。

（15）互感器、避雷器吊装时，起吊索应固定在专门的吊环上，并不得碰伤瓷套，禁止利用伞裙作为吊点进行吊装。

（16）管母线上安装隔离开关静触头或调整管母线，必须使用高空作业车。

（17）严禁将绝缘子及管母线作为后续施工的吊装承重受力点。

（18）软母线导线盘应放置平稳，导线应从线盘的下方引出，当放到线盘的最后几圈时，应采取措施防止导线突然蹦出伤人。

（19）使用吊车挂线时，严禁斜拉吊车臂，严禁超幅度吊装，严禁人员跨越正在收紧的导线，严禁在导线下方或钢丝绳内侧站人或通过。

第三节　变电站电缆敷设、二次设备安装作业现场安全监督要点

（1）电缆敷设通过孔洞时，两侧应设专人监护。

（2）电缆敷设时，拐弯处的作业人员应站在电缆外侧。

（3）带电区域敷设电缆，必须经过运维单位同意并办理工作票，派专人监护。

（4）电缆穿入带电盘柜前，电缆端头应做绝缘包扎处理。

（5）电缆进入保护室、端子箱、机构箱、汇控柜等设备间及屏柜时，应使用防火堵料进行严密封堵，做好防小动物、防潮、防火措施。

（6）盘柜安装时，施工区周围的孔洞应采取可靠的遮盖，防止人员摔伤。

（7）盘柜安装时，狭窄处应防止挤伤，底部加垫时不得将手伸入底部。

（8）蓄电池开箱时，撬棍不得利用蓄电池作为支点，防止损毁蓄电池。

（9）蓄电池在安装过程中，紧固电极连接件时所用的工具要带绝缘手柄，避免发生短路。

第四节　变电站电气试验、调试作业现场安全监督要点

（1）试验前，设置硬质安全隔离区域和向外悬挂"止步，高压危险"的警示牌。

（2）设备通电过程中，试验人员不得中途离开，试验设备和被试设备必须可靠接地。

（3）试验结束后及时将试验电源断开，对容性的被试设备需要进行充分放电后方可拆除试验接线。

（4）系统调试时，由一次设备处引入的测试回路注意采取防止高电压引入的危险，高压试验设备必须铺设绝缘垫。

（5）系统调试时，一次设备第一次冲击送电时，注意安全距离，二次人员待运行稳定后，方可到现场进行相量测试和检查工作。

第五节　变电站改、扩建工程作业现场安全监督要点

（1）严禁无票和超出工作范围、工作内容开展作业。

（2）作业人员、机械、设备、工器具要与带电物体保持足够的安全距离，严禁触碰带电设备。

（3）户外作业人员、施工机械严禁越过安全隔离围栏进行作业。

（4）户内作业时，必须先完成施工区域与运行部分的完成物理和电气的安全隔离。

（5）户内作业时，对停电的设备验明确无电压后，将设备接地并三相短路。

第六节　杆塔组立作业现场安全监督要点

（1）作业区域设置提示遮栏，非作业人员不得进入作业区。

（2）塔脚板就位后，上齐匹配的垫板和螺帽，组立完成后拧紧螺帽及打毛丝扣。

（3）检查抱杆正直、焊接、铆固、连接螺栓紧固等情况。

（4）吊件螺栓全部紧固，吊点绳、承托绳、控制绳及内拉线等绑扎处受力部位，不得缺少构件。

（5）吊件垂直下方不得有人，在受力钢丝绳的内角侧不得有人。

（6）禁止在杆塔上有人时，通过调整临时拉线来校正杆塔倾斜或弯曲。

（7）组装杆塔的材料及工器具禁止浮搁在已立的杆塔和抱杆上。

（8）仔细核对施工图纸的吊段参数，严格按照施工方案控制单吊重量，严禁超重起吊。

（9）高处作业人员应正确使用全方位防冲击安全带和速差自控器、攀登自锁器。

（10）遇有六级及以上大风或暴雨、雷电、冰雹、大雪、大雾、沙尘暴等恶劣气候时，应停止露天高处作业。

（11）指挥人员看不清作业地点或操作人员看不清指挥信号时，均不得进行起吊作业。

（12）吊件离开地面约 100mm 时暂停起吊并进行检查，确认正常且吊件上无搁置物及人员后方可继续起吊。

（13）风速达到 12.0m/s 及以上或大雨、大雪、大雾等恶劣天气时，停止露天的起重吊装作业。重新作业前，先试吊，并确认各种安全装置灵敏可靠后进行作业。

第七节　架线工程作业现场安全监督要点

（1）架线施工前必须对铁塔螺栓、地脚螺栓安装紧固情况进行复查。

（2）关键部位是否有塔材缺失。

（3）高处作业人员必须穿软底防滑鞋，使用全方位防冲击安全带，垂直移动和水平移动不得失去保护。

（4）架线过程中，各作业点、监护点必须保持与现场指挥人联系畅通。

（5）跨越架搭设前，必须对跨越点进行复测，确保跨越架与被跨越物的最小安全距离符合安规规定。

（6）木质、毛竹、钢管跨越架两端及每隔 6～7 根立杆设剪刀撑杆、支杆和拉线，拉线与地面夹角不得大于 60°。

（7）木质、毛竹跨越架立杆埋深不得少于 0.5m，支杆埋深不得少于 0.3m；钢管跨越架立杆底部必须设置金属底座或垫木，并设置扫地杆，组立后及时做好接地措施。

（8）钢结构式跨越架组立后，及时做好接地措施，跨越架的各个立柱设置独立的拉线系统。

（9）跨越架悬挂醒目的安全警告标志、夜间警示装置和验收标志牌；跨越公路的跨越架，在公路前方距跨越架适当距离设置提示标志。

（10）强风、暴雨过后必须对跨越架进行检查，合格后方可使用。

（11）附件安装完毕后方可拆除跨越架，拆除时不得抛扔，不得上下同时拆架。

（12）不停电跨越施工时，需办理电力线路第二种工作票，施工单位向运维单位书面申请该带电线路"退出重合闸"。

（13）可能接触带电体的绳索，使用前必须经绝缘测试并合格。

（14）牵张设备、机动绞磨以及跨越档相邻两侧杆塔上的放线滑车必须接地，人力牵引跨越放线时，跨越档相邻两侧的施工导、地线必须接地。

（15）导引绳通过跨越架必须使用绝缘绳做引绳，最后通过跨越架的导线、地线、引绳或封网绳等必须使用绝缘绳做控制尾绳。

（16）遇雷电、雨、雪、霜、雾，相对湿度大于 85%或 5 级以上大风天气时，严禁进行不停电跨越作业。

（17）在带电线路上方的导线上测量间隔棒距离时，禁止使用带有金属丝的测绳、皮尺。

（18）导引绳、牵引绳或导线临锚时，其临锚张力不得小于对地距离为 5m 时的张力，同时满足对被跨越物距离的要求。

（19）设置过轮临锚时，锚线卡线器安装位置距放线滑车中心不小于 3～5m。

（20）紧线段的一端为耐张塔且非平衡挂线时，应在该塔紧线的反方向安装临时拉线。临时拉线必须经计算确定拉线型号、地锚位置及埋深。

（21）上下绝缘子串必须使用下线爬梯和速差自控器。

（22）相邻杆塔不得同时在同相（极）位安装附件，作业点垂直下方不得有人。

（23）附件安装时，安全绳或速差自控器必须拴在横担主材上；安装间隔棒时，安全带挂在一根子导线上，后备保护绳挂在整相导线上。

（24）高处作业所用的工具和材料必须放在工具袋内或用绳索绑牢；上下传递物件用绳索吊送，严禁抛掷。

（25）使用飞车安装间隔棒时，前后刹车卡死（刹牢）方可进行工作。

第八节　电缆线路作业现场安全监督要点

（1）进入有限空间前先排风后检测。工作过程中气体检测实时进行。有限空间设专人监护，监护人在有限空间外持续监护，有限空间内外保持联络畅通。

（2）有限空间施工应打开两处井口。严禁在井内、隧道内使用燃油燃气发电机等设备。

（3）安装拆除工作平台时制订专人指挥、专人监护，工作平台搭设牢固，并采取防倒塌措施。

（4）高处作业区域内设警戒线，制止无关人员停留或通过。

（5）高处作业人员必须正确使用。

（6）在运行设备区域内工作的易飘扬、飘洒物品，必须严格回收或固定，防止半导电漂浮物接触高压带电体，产生感应电伤人事故。

（7）电缆绝缘耐压试验前先对电缆充分放电。

（8）电缆试验过程中发生异常情况时，立即断开电源，经放电、接地后方可检查。

（9）电缆试验过程中更换试验引线时，先对设备充分放电，作业人员戴好绝缘手套。

（10）在试验电缆时，施工人员严禁在电缆线路上做任何工作，防止感应电伤人。

（11）电缆线路停电切改工作前核对路名开关号。

（12）判定停电电缆指定两人及以上。

（13）配备专用仪器对停电电缆线路进行判定，切断电缆前必须使用安全刺锥或切刀刺穿电缆。

（14）使用安全刺锥或切刀刺穿电缆时，周边其他作业人员应临时撤离，操作人员与刀头保持足够的安全距离。

第七章

营销各专业现场监督

第一节 供电方案现场勘查作业现场安全监督要点

（1）进入客户设备区域，勘察人员应穿工作服，正确佩戴安全帽，携带必要照明工具。

（2）勘察人员攀登杆塔或梯子时，要落实防坠落措施，并在有效的监护下进行，不得在高空落物区通行或逗留。

（3）勘察人员应在客户电气工作人员的带领下进入勘查现场，在规定的工作范围内工作。应遵守客户现场安全相关规定，并对现场危险点、安全措施等情况清楚了解。

（4）勘察人员应与带电设备（或客户其他运行设备）保持足够的安全距离，不得操作客户设备。对客户设备状态不明时，均视为运行设备并保持安全距离（与110kV设备保持1.5m安全距离、35kV设备保持1.0m安全距离、10kV及以下设备保持0.7m安全距离）。

（5）勘察人员进入电缆井、电缆隧道前，必须进行充分通风，并对易燃易爆及有毒气体含量进行检测合格后，方可下井、下沟进行工作，必要时应携带正压式空气呼吸器。

第二节　业扩工程竣工验收（中间检查）作业现场安全监督要点

（1）涉及多专业、多班组参与的检验项目，应由竣工验收现场负责人牵头（客服中心），由各相关专业技术人员参加，成立验收小组。

（2）现场负责人应对工作现场进行统一安全交底，明确职责，现场负责人应做好现场协调工作。工作必须由客户方或施工方熟悉环境和电气设备的人员配合进行。

（3）竣工检验工作至少两人共同进行。要求客户方或施工方进行现场安全交底（相关安全技术措施已落实，确认工作范围内的设备已停电，安全措施符合现场工作需要），明确设备带电与不带电部位、施工电源供电区域。

（4）竣工检验人员不得擅自操作客户设备，确需通过操作检验的，也必须由客户方或施工方安排专业人员进行设备操作。

（5）在竣工检验工作中，检验人员必须穿工作服，正确佩戴安全帽。需攀登杆塔或梯子时，要落实防坠落措施，并在有效的监护下进行。不得在高空落物区通行或逗留。

（6）验收人员进入电缆井、电缆隧道前，必须进行充分通风，并对易燃易爆及有毒气体含量进行检测合格后，方可下井、下沟进行工作，必要时应携带正压式空气呼吸器。

第三节　业扩工程送电现场作业现场安全监督要点

（1）所有高压受电工程接电前，必须明确投运现场负责人，由现场负责人（客服中心）组织各相关专业技术人员参加，成立投运工作小组。由现场负责人组织开展安全交底和安全检查，明确职责，各专业分别落实相关专业安全措施拆除情况并向负责人确认设备是否具备投运条件。

（2）对未经检验或检验不合格已经接电的客户受电工程，必须立即采取停电措施，并终止送电方案执行。

（3）投运前，客户方电气负责人应认真检查设备状况，继电保护定值设置投入情况。有无遗漏临时安全措施未拆除情况等，确保现场清理到位，并向现场负责人汇报并签字确认。

（4）具备投运条件手续全部完成，由现场负责人向设备管理单位调度汇报并履行相应流程后，方可开始送电操作流程。

（5）送电操作人员必须具备相应资格并按照设备管理单位调度命令完成相应设备倒闸操作指令。

（6）验收人员不得替代客户进行操作。

（7）操作人员按规定使用合格的安全工器具，不得使用未经检验合格或超过检测周期的安全工器具进行作业。

（8）客户自备应急电源与电网电源之间必须正确装设切换装置和可靠的连锁装置，确保在任何情况下，不并网的自备应急电源均无法向电网反送电。

第四节　高压计量装置安装（拆除）作业现场安全监督要点

（1）作业人员必须穿长袖工作服、绝缘鞋，正确佩戴安全帽。带电安装计量装置时须戴手套和护目眼镜。

（2）开工前，工作负责人必须向全体工作班成员宣读工作票（工作任务单），明确工作范围和带电部位，交代安全措施。作业人员应与工作票所列人员及确认签名相符。

（3）现场安全措施（接地线、防触电、防止走错间隔）应和工作票（工作任务单）一致、完备（防触电、防止走错间隔）。带电部位应做到有效隔离，作业人员应保持现场安全措施不变更。

（4）工作人员应严格遵守计量二次回路操作规范，带电作业时严禁电流互感器二次开路、电压互感器二次短路。禁止将回路的永久接地点断开，短路电流互感器二次绕组，应使用短路片或短路线，禁止用导线缠绕。

（5）高空作业人员必须正确使用安全带。安全带应高挂低用，应绑在牢固的金属件上。登高作业过程中应有专人监护。工作中应使用工具袋，工具、器材上下传递应用绳索拴牢传递，严禁抛掷物品，严禁监护人员站在工作处的垂直下方。

（6）金属计量箱外壳应确保有效接地。带电更换电能表时在触摸金属计量箱前必须进行箱体验电。

（7）作业工器具绝缘必须满足《电力安全工作规程》要求，工具、材料必须妥善放置。杜绝因工具造成的二次回路短路或漏电情况。室内工作须在绝缘垫上进行。

第五节 低压计量装置安装（拆除）作业现场安全监督要点

（1）作业人员必须穿长袖工作服、绝缘鞋，正确佩戴安全帽。带电安装计量装置时须戴手套和护目眼镜。

（2）开工前，工作负责人必须向全体工作班成员宣读工作票（工作任务单），明确工作范围和带电部位，交代安全措施。作业人员应与工作票所列人员及确认签名相符。

（3）现场安全措施（接地线、防触电）应和工作票（工作任务单）一致、完备。带电部位应做到有效隔离，作业人员应保持现场安全措施不变更。

（4）工作人员应严格遵守计量二次回路操作规范，带电作业时严禁电流互感器二次开路。禁止将回路的永久接地点断开，短路电流互感器二次绕组，应使用短路片或短路线，禁止用导线缠绕。

（5）高空作业人员必须正确使用安全带或梯子。安全带应高挂低用，绑在牢固的金属件上。登高作业过程中应进行专人监护。工作中应使用工具袋，工具、器材上下传递应用绳索拴牢传递，严禁抛掷物品，严禁监护人员站在工作处的垂直下方。

（6）金属计量箱外壳应确保有效接地。带电更换电能表时在触摸金属计量箱前必须进行箱体验电。

（7）作业工器具绝缘必须满足《国家电网公司电力安全工作规程》要求，工具、材料必须妥善放置。杜绝因工具造成的二次回路短路或漏电情况。室内工作须在绝缘垫上进行。

（8）带电更换计量装置时，拆开的线头必须使用绝缘胶布及时可靠包裹，严防人员触电或使带电导体接地、短路。

（9）电源侧不停电更换电能表时，直接接入的电能表，应将出线负荷断开；经电流互感器接入的电能表，应将电流互感器二次侧短路后进行。

（10）正确使用电动工具，遵守操作规程，电动工具外壳必须可靠接地，其所接电源必须装有剩余电流动作保护器（漏电保护器）。临时电源线绝缘要良好，线径符合要求，加装剩余电流动作保护器（漏电保护器）。电动工具应做到"一机一闸一保护"。

（11）按规定使用合格的安全工器具，不得使用未经检验合格或超过检测周期的安全工器具进行作业。

第六节　计量装置现场校验作业现场安全监督要点

（1）作业人员必须穿长袖工作服、绝缘鞋，正确佩戴安全帽。

（2）现场校验电流互感器、电压互感器应停电进行，试验时应有防止反送电、防止人员触电的措施。

（3）开工前，工作负责人必须向全体工作班成员宣读工作票（工作任务单），明确工作范围和带电部位，交代安全措施。作业人员应与工作票所列人员及确认签名相符。

（4）现场安全措施（接地线、防触电）应和工作票（工作任务单）一致、完备。带电部位应做到有效隔离，作业人员应保持现场安全措施不变更。

（5）工作人员应严格遵守计量二次回路操作规范，带电校验电能表时应有防止电流互感器二次侧开路、电压互感器二次侧短路和防止相间短路、相对地短路的措施。禁止将回路的永久接地点断开，短路电流互感器二次绕组，应使用短路片或短路线，禁止用导线缠绕。

（6）高空作业人员必须正确使用安全带。安全带应高挂低用，绑在牢固的金属件上。登高、作业过程中应进行专人监护。工作中应使用工具袋，工具、器材上下传递应用绳索拴牢传递，严禁抛掷物品，严禁监护人员站在工作处的垂直下方。

（7）金属计量箱外壳应确保有效接地。带电校验电能表时在触摸金属计量箱前必须进行箱体验电。

（8）作业工器具绝缘必须满足《电力安全工作规程》要求，工具、材料必须妥善放置。杜绝因工具造成的二次回路短路或漏电情况。室内工作须在绝缘垫上进行。

（9）正确使用电动仪器仪表，应遵守操作规程，电动工具外壳必须可靠接地，其所接电源必须装有剩余电流动作保护器（漏电保护器）。临时电源线绝缘要良好，线径符合要求，加装剩余电流动作保护器（漏电保护器），应做到"一机一闸一保护"。

第七节　电能采集装置安装、维护、轮换作业现场安全监督要点

（1）作业人员必须穿长袖工作服、绝缘鞋，正确佩戴安全帽。带电安装采集装置时须戴手套和护目眼镜。

（2）开工前，工作负责人必须向全体工作班成员宣读工作票（工作任务单），明确工作范围和带电部位，交代安全措施。作业人员应与工作票所列人员及确认签名相符。

（3）工作人员应严格遵守计量二次回路操作规范，安装采集装置时严禁造成电流互感器二次开路、电压互感器二次短路。禁止将回路的永久接地点断开。

（4）高空作业人员必须正确使用安全带或梯子。安全带应高挂低用，安全带绑在牢固的金属件上。登高、作业过程中应进行专人监护。工作中应使用工具袋，工具、器材上下传递应用绳索拴牢传递，严禁抛掷物品，严禁监护人员站在工作处的垂直下方。

（5）金属计量箱外壳应确保有效接地。触摸金属计量箱前必须进行箱体验电。

（6）作业工器具绝缘必须满足《国家电网公司电力安全工作规程》要求，工具、材料必须妥善放置。杜绝因工具造成的二次回路短路或漏电情况。室内工作须在绝缘垫上进行。

（7）带电更换采集装置时，拆开的线头必须使用绝缘胶布及时可靠包裹，严防人员触电或使带电导体接地、短路。

（8）按规定使用合格的安全工器具，不得使用未经检验合格或超过检测周期的安全工器具进行作业。

第八章

信息通信现场监督

第一节　电力通信系统检修作业现场安全监督要点

（1）通信系统网管操作人员应经身份鉴别和授权。

（2）网管检修前，应进行网管数据备份。

（3）网管切换试验前，应做数据同步。

（4）通信系统检修前，应进行业务验证。

（5）禁止将公共网络直接接入电力通信网管系统，并实施操作。

（6）业务通道投退时，应更新业务标识标签和相关资料。

（7）光缆敷设时应做好防止光缆损伤的防护措施。

（8）光缆接续前应核对两端纤芯序号。

（9）使用光时域反射仪（OTDR）或光源进行光缆纤芯测试时，应先断开被测纤芯对侧电力通信设备和仪表。

（10）光缆接续工作场所周围应装设遮栏、标示牌。

（11）新增负载前，应核查电源负载能力和开关容量。

（12）设备通电前应验证供电线缆极性和输入电压。

（13）电源设备断电检修前，应严格执行停机及断电顺序，确认负载已转移或关闭。

（14）插拔设备板卡时应做好防静电措施。

（15）禁止使用未经绝缘处理的工器具在蓄电池上工作。

（16）未经批准不得改变通信系统、电源、机房动力环境运行参数。

（17）通信机房应做好防高温、防漏雨措施。

第二节　信息系统检修作业现场安全监督要点

（1）工作票应使用统一的票面格式，采用计算机生成、打印或手工方式填写，至少一式两份。工作票由工作票签发人审核、签名后方可执行。

（2）工作前，作业人员应进行身份鉴别和授权，授权应基于权限最小化和权限分离的原则。

（3）一张工作票中，工作许可人与工作负责人不得互相兼任。一个工作负责人不能同时执行多张信息工作票（工作任务单）。工作负责人、监护人按规定穿戴明显标志标识。

（4）现场安全措施应和工作票一致，带电部位应做到有效隔离，工作班人员应保持现场安全措施不变更。

（5）不需填用信息工作票、信息工作任务单的工作，应使用其他书面记录或按口头、电话命令执行。书面记录指工单、工作记录、巡视记录等。

（6）在原工作票的安全措施范围内增加工作任务时，应由工作负责人征得工作票签发人和工作许可人同意，并在工作票上增填工作项目。若需变更或增设安全措施者，应办理新的工作票。

（7）工作票的有效期，以批准的时间为限。办理信息工作票延期手续，应在信息工作票的有效期内，由工作负责人向工作许可人提出申请，得到同意后给予办理。

（8）全部工作完毕后，工作班成员应删除工作过程中产生的临时数据、临时账号等内容，确认信息系统运行正常，清扫、整理现场，全体工作班人员撤离工作地点。

（9）动火作业按规定办理和执行动火工作票。

（10）应使用合格的安全工器具、不得使用未经检验合格或超过检测周期的安全工器具进行作业。

（11）信息系统检修工作开始前，应备份可能受到影响的配置文件、业务数据、运行参数和日志文件等。

（12）检修前，应检查检修对象及受影响对象的运行状态，并核对运行方式与检修方案是否一致。

（13）设备、业务系统接入公司网络应经信息运维单位（部门）批准，并严格遵守公司网络准入要求。提供网络服务或扩大网络边界应经信息运维单位（部门）批准。

（14）禁止从任何公共网络直接接入管理信息内网。系统维护工作不得通过互联网等公共网络实施。

（15）管理信息大区业务系统使用无线网络传输业务信息时，应具备接入认证、加密等安全机制；接入信息内网时，应使用公司认可的接入认证、隔离、加密等安全措施。

（16）业务系统上线前，应在具有资质的测试机构进行安全测试，并取得检测合格报告。信息系统上线前，应删除临时账号、临时数据，并修改系统账号默认口令。

（17）更换网络设备或安全设备的热插拔部件、内部板卡，更换主机设备或存储设备的热插拔部件等配件时，应做好防静电措施。

（18）需停电更换主机设备或存储设备的内部板卡等配件的工作，应断开外部电源连接线，并做好防静电措施。

（19）卸载或禁用计算机防病毒、桌面管理等安全防护软件，以及拆卸、更换终端设备硬件应经信息运维单位（部门）批准。

（20）在管理信息内网终端设备上启用无线通信功能应经信息运维单位（部门）批准。现场采集终端设备的通信卡启用互联网通信功能应经相关运维单位（部门）批准。

（21）终端设备及外围设备交由外部单位维修处理应经信息运维单位（部门）批准。

（22）报废终端设备、员工离岗离职时留下的终端设备应交由相关部门处理。